子どもに伝えたい
和の技術
9

りょう
漁
FISHERY
著　和の技術を知る会

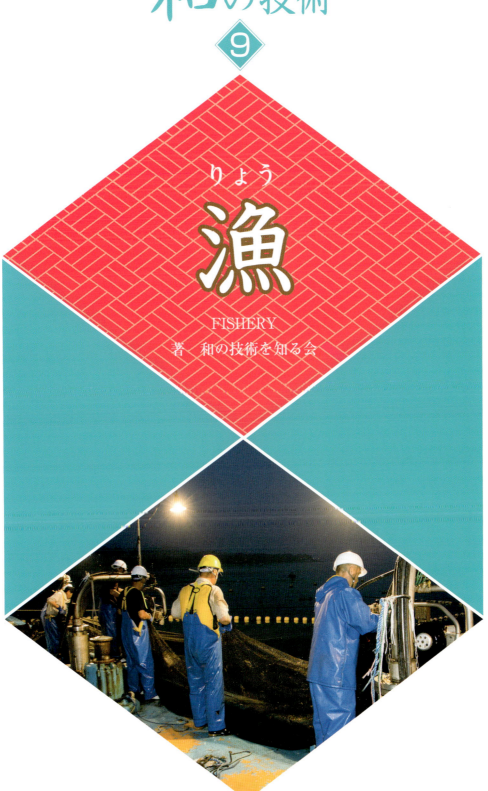

漁の技と日本の豊かな海

　日本はまわりを豊かな海に囲まれており、また川や湖などもあります。それらは大昔からわたしたちのくらしに、かけがえのないめぐみをもたらしてくれました。縄文時代の遺跡である貝塚から魚の骨や貝のからが見つかり、1万年以上の昔からすでに魚や貝を食べていたことがわかっています。当然これらを得るためには、陸地から銛や網を使ってつかまえたり、舟で海に出て、釣り針や銛、網を使い魚をとったりする技術が必要でした。魚の種類により、いる場所や逃げ方など性質がそれぞれちがうので、漁具やとり方も工夫されていきました。また時代がすすむにつれ、漁法も発達しました。多くの魚をとるために人々が集まり漁村ができ、魚介類を売るための仕事もできました。それらは漁業として発展していきました。

　この本では、これら「漁の技」の世界を紹介していきます。日本の漁とわたしたちのくらし、進化しながら受けつがれてきた代表的な漁法の技、漁の最新技術、漁の歴史などを知ることで、日本の漁の技術のすばらしさがわかるはずです。

江戸前の網漁 『東都富士見三十六景 佃沖晴天の不二』一勇斎国芳 画

もくじ

漁の世界へようこそ・・・・・4
いろいろな漁…………4
漁場にめぐまれた日本…………6

伝統漁の技を見てみよう・・・・・8
定置網漁のスゴ技……………8
延縄漁のスゴ技…………10
まだある伝統漁…………12

伝統漁で活躍したもの・・・・・16

漁法の最新技術・・・・・18

とる漁業から育てる漁業へ・・・・・20

魚がとどくまで　今と昔・・・・・22

魚をじょうずに食べよう・・・・・24

もっと漁を知ろう・・・・・26
人々と漁の歴史…………26
マグロと日本人…………28
漁と祭り…………30
漁の仕事をするには…………31

漁の世界へようこそ

いろいろな漁

日本では、沿岸、沖合、遠洋などで漁がおこなわれ、さまざまな魚介類が各地の漁港に運ばれます。漁といろいろな漁法や漁港のかかわりを見てみましょう。

漁の種類

海での漁は、おもに沿岸漁業、沖合漁業、遠洋漁業、養殖などに分かれます。

沿岸漁業には、10トン未満の小さな漁船を使って近くの海でとる、定置網漁や船を使わない地引き網漁などがあります。沖合漁業は日本の近海でおこなう漁で、まき網漁、底引き網漁、刺し網漁、イカ釣り漁、棒受け網漁などいろいろあります。これらの漁でも遠洋に出かける漁もあります。遠洋漁業はマグロ延縄漁やカツオの一本釣り漁などで、大型船で世界各地の漁場に出かけて数十日や数か月、長いときは1年以上もかけておこないます。

漁港での水あげ

漁港に水あげされた魚は、きれいな氷をかけて箱につめられて、生産地の卸売市場などに運ばれていきます。魚は種類ごとに仕分けされて、セリという売り買いで値段や売り先が決められ、次の流通ルートへと運ばれていきます。

▲船から水あげされる魚

▲仕分けされてセリを待つ魚

底引き網漁 沖 遠
おもりをつけた、ふくろ状の網を海底にしずめ、船で引きながら海底付近の魚をとります。

刺し網漁 沖
海の中に、垣根のように網を張って、魚をとる漁法です。

漁港

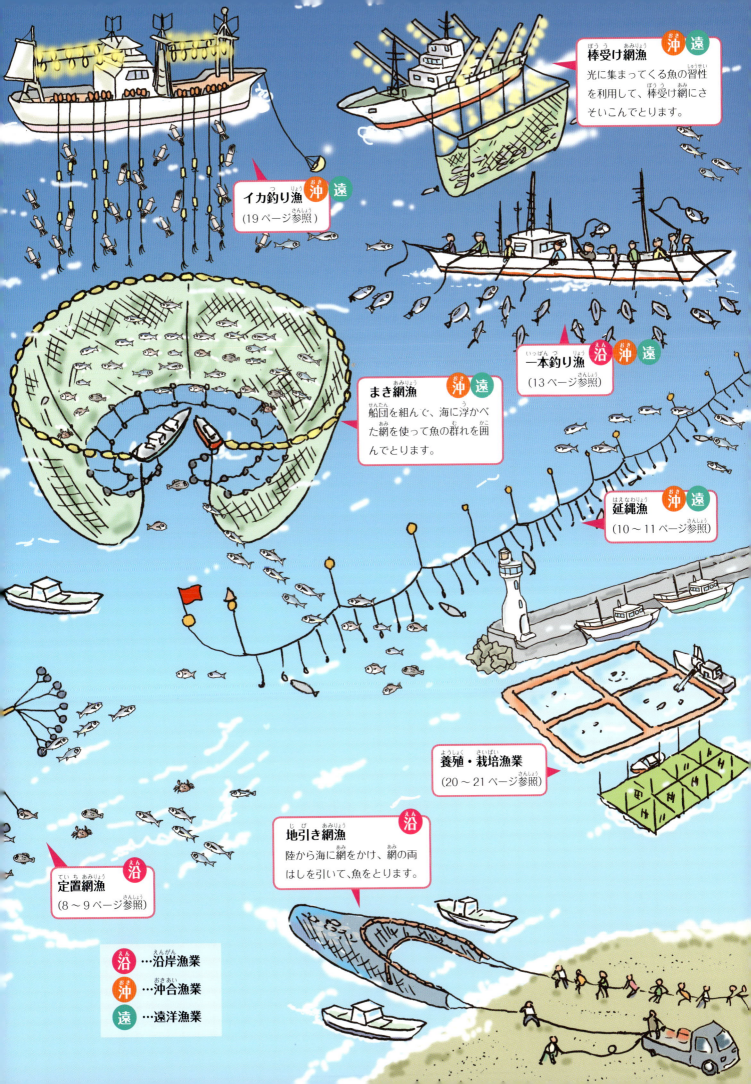

漁場にめぐまれた日本

日本の近海は昔から、豊かな漁場です。とれる魚や、漁港、昔から続く漁法などを見てみましょう。

暖流と寒流

海水の流れで、周りの海水より温度が高い海流を暖流、温度が低い海流を寒流といいます。おもに日本の周りには黒潮（日本海流）や対馬海流という暖流や親潮（千島海流）やリマン海流とよばれる寒流が流れています。速さや水温のちがう潮の流れがぶつかり合う場所は、魚のエサとなるプランクトンが豊富に発生して、よい漁場になります。

← 寒流
→ 暖流

リマン海流

居繰網漁（新潟県／村上市・三面川）
3そうの川舟で、1そうが水面をサオでたたき、2そうの間に張られた網にサケを追いこみます。江戸時代から伝わる漁法です。（14ページ参照）

境港（鳥取県）
ズワイガニ・アジ・イカ・イワシ・カレイなどが、水あげされます。水産加工業がさかんです。

イカ籠漁（鳥取県ほか）
木の枝の束を入れた網籠を海底にしずめ、コウイカをおびきよせてとる漁法です。鳥取県のほかに福岡県、山口県、熊本県などでもある漁法です。

松浦港（長崎県）
長崎県のたくさんの島々の近海でとれる、アジ・サバ類の有数な水あげ港です。

対馬海流

枕崎港（鹿児島県）
カツオの町として知られ、重要な遠洋漁業基地のひとつです。カツオ・マグロ・アジ・サバなどが水あげされます。

 マダイ
アジ
 スルメイカ
ズワイガニ
トラフグ
アジ
クルマエビ
 マダイ
 マサバ
カツオ
 マイワシ
 マダイ

ケンケン漁（和歌山県／すさみ町）
小型漁船でルアーを使い、カツオなどをとる漁法です。海上をカツオがぴょんぴょんはねる様子からからケンケン漁とよばれる説があります。沖縄県から千葉県まで広くおこなわれています。

海女漁（三重県／志摩半島）
海にもぐりアワビやウニをとる漁。（13ページ参照）

漁の世界へようこそ

突きホッキ漁（北海道／北斗市）
浅い砂地にもぐっているホッキ貝を、長い棒の先につけた4本の金具の間にはさんでとる漁法です。船上から手の感触で探しあてるには熟練の技が必要です。

アンコウ空縄釣り（青森県／下北地方・風間浦）
海底にいるアンコウを、エサがついてない釣り針にからませてとる、100年以上前から続く独特の漁法です。

カレイ
サケ
スケトウダラ
ヒラメ
ケガニ
ホタテ

釧路港（北海道）
北西太平洋海域で操業する漁船の基地です。サケ・スケトウダラ・イカなどが水あげされます。

マイワシ
スルメイカ
ブリ

磯見漁（山形県／庄内）
磯で、小舟に乗り、ハコメガネをのぞきながらサザエなどをとる漁です。（13ページ参照）

八戸港（青森県）
全国でも有数のイカ釣り漁の基地として有名です。カレイ・サケ・イワシ漁もさかんです。

親潮（千島海流）

カレイ

気仙沼港（宮城県）
マグロ延縄漁船やカツオの一本釣り漁船の基地として有名です。カツオ・サンマ・サメなどが水あげされます。

サンマ
マイワシ

波崎港（茨城県）
北部太平洋海区のまき網漁業の基地として発展しました。イワシ・サバなどもまき網でとられています。

石巻港（宮城県）
世界3大漁場のひとつ三陸沖で操業する漁船の基地でサバ・イワシ・タラなどが水あげされます。

アジ

銚子港（千葉県）
寒流と暖流がまじわる好漁場で水あげ量は日本では毎年1、2位です（2016年調べ）。イワシ・サバ・サンマ・カツオが首都圏に運ばれます。

マイワシ

カレイ

マサバ

たきや漁（静岡県／浜松市・浜名湖）
春から秋にかけて、舳先に灯りをつけ、銛で魚を突いたり網でエビをすくったりする、夜間におこなわれる漁法です。（14ページ参照）

黒潮（日本海流）

焼津港（静岡県）
遠洋カツオの一本釣りやまき網漁でのカツオ漁が有名です。遠洋マグロ漁の基地でもあります。

カツオ

伝統漁の技を見てみよう

定置網漁のスゴ技

定置網漁は、波がおだやかな湾で発展してきました。昔の人の知恵がいっぱいつまった漁を見てみましょう。

越中式落とし網の例（模型）

垣網より運動場、運動場より身網、身網より二重落としと、どんどん網目が細かくなっています。運動場の網は、小魚なら逃げられる網目です。

↑沖側

ラベル：二重落とし／身網（箱網）／返し網／登り網／運動場／沖垣網／羽口／磯垣網

さらに網をつなげて三重落としなどとすることもあります。

↓陸側

船の上から見た定置網。黄色のブイの下に網がたれています。

●定置網データ（脇地域の沖の場合）

- 身網（箱網）の大きさ…幅約60m、長さ約105m、深さ約50m
- 海の深さ…約50m（網は潮の流れで動くため70〜80mを用意）
- 網を固定させるおもり…1500t（石をつめた50kgの袋を約3万個）
- 網の製作日数…3か月半〜半年
- 網を新たに設置するには…約1か月
- 網の交換…7〜10日間

定置網のしくみ

波がおだやかで、魚が多く集まる湾に網をしかけて、そこに入りこんできた魚をとるのが定置網漁です。江戸時代初期から、魚の習性や海のことがわかっていたからこそ発展した漁といえます。それぞれの地域の特徴にあわせていろいろなかたちの定置網漁が、今も日本各地でおこなわれています。

氷見の定置網の進化

●氷見の定置網、400年の歴史

富山県の氷見の定置網漁は、江戸幕府が開かれる前後の時代にはじまったといわれています。その発展の様子を見てみましょう。

江戸時代

網は稲わらでつくられ、季節により、とる魚に合わせて網を入れかえていました。古い網は切り、そのまま海の底に落とされ、魚の寄りつき場や産卵場になっていました。

幕末〜

じょうぶで潮流にも強い、麻糸による網が登場します。今までおけなかった場所にも定置網の設置が可能になり、漁場が広がりました。

明治時代〜

機械工業による綿糸の網が登場します。より大規模なしかけが可能になり、大正時代末期から昭和初期に、今も続く越中式落とし網が登場しました。

昭和時代〜

化学繊維の網が広まり、網が長もちするようになりました。こうして網の発達とともに、氷見の定置網漁の技は海外へも広まっています。

第八中波丸の 定置網漁の流れ

息のあった作業がたいせつ

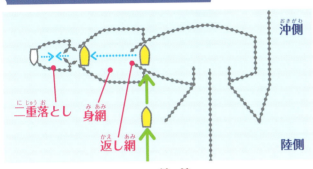

沖側
二重落とし
身網
返し網
陸側

船は陸地側からまっすぐ進んで、返し網のところへ横向きにつけ、全員（9人）でならんで網を引きあげながら、その力で横向きのまま進んでいきます。そうすることで、身網にいる魚が、少しずつ前方へ逃げ、二重落としに入っていく、というわけです。その二重落としに入った魚をさらに集めて水あげします。網を引きあげるとき、息があわないと船が斜めになったり、網の間に魚がはさまったりするので注意が必要です。

❶ 準備をして出港

03:15 出港

綱を引きあげる道具や、とった魚の鮮度を保つための氷などを、船に積んで港を出ます。

❷ 網内の魚を追いこむ

03:30 漁場到着

船の左側にある4基の揚網機と人力で網を引きあげていき、足元にたまった網は海にもどす、そのくり返しが続きます。船頭は左右を確認しながら、問題があれば、みなを止めて調整し、「せーの！」のかけ声でまたいっせいに作業を開始させます。

04:30 小船も網の引きあげ開始

03:35 作業開始

❸ もう1隻でカギを開ける

水面近くの作業がしやすい小船は、先回りして網の閉じている口（カギ）を開けます。

❹ はさみうちにする

小船と両方から網を引きあげ、一か所に魚を集めます。

04:45 クレーンで網を投入

❺ 網を投入

クレーンでモッコという網をつりあげ、集めた魚をすくい出し、あらかじめ海水と氷を入れた船底に入れます。もっとも活気の出る場面です。

❻ 魚の水あげ

05:15 帰港

港へもどり、魚を水あげし、仕分けして市場へ運びます。なれた手つきで次々と魚を箱に入れていきます。

延縄漁のスゴ技

釣り漁の一種の延縄漁は、おもに1種類の魚を大量に、また傷つけずにとるのに向いている漁法です。どんな技があるのか見てみましょう。

日本古代から続く

延縄漁のしくみ

延縄漁は日本最古の書物『古事記』などにも記されていて、室町時代に漁網が発達するまで、もっとも効率のよい漁法だったといえるでしょう。基本構造は、1本の長い幹縄に、釣り針のついた枝縄をたくさんぶら下げたかたちです。目的の魚により長さを調整し、エサをかえます。おもに近海や遠洋でおこなわれます。

【マグロ延縄漁の構造】

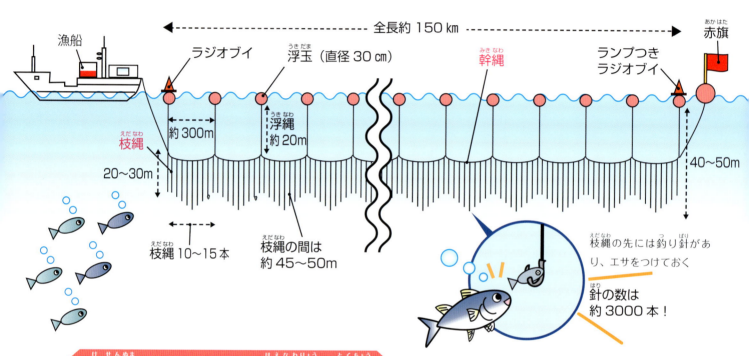

全長約150km / 漁船 / ラジオブイ / 浮玉（直径30cm） / 幹縄 / ランプつきラジオブイ / 赤旗 / 約300m / 浮縄 約20m / 枝縄 20〜30m / 40〜50m / 枝縄10〜15本 / 枝縄の間は約45〜50m / 枝縄の先には釣り針があり、エサをつけておく / 針の数は約3000本！

気仙沼（宮城県）のマグロ延縄漁の特徴

●遠洋マグロ漁船の出港地

気仙沼港は、遠洋漁業のマグロ延縄漁船が出港する港でもあります。気仙沼には遠洋マグロ漁の歴史があり、地元の人だけでなく、ほかの地域からもマグロ漁船に乗りたいと人が集まってきます。

●人から人への技の伝承

ミナミマグロの遠洋漁業の第一人者といわれる前川渡船頭（11ページの①）の第十八昭福丸には、ぜひ同船して学びたいという人が集まってきます。若いころから、世界各地で漁をしてきた前川船頭自身も、先ぱいたちの教えをたくさん受けました。マグロの行動を読んで、船を移動させ、縄を投入し、釣りあげるタイミングを図る……これら一連の技が先ぱいから受けついだ知恵であり、経験や新しい技術を活用しながら、現在の漁に生かされてるのです。若い人たちに技や知識を伝えることが、日本の漁の技を守っているといえるでしょう。

第十八昭福丸の漁場

気仙沼 / オーストラリア / 漁場

●長期間の漁

遠洋漁業の場合、目的地の往復だけで数か月かかりますから、漁をする日数も長くとるため、約1年間日本にはもどりません。そのため、出港のときには家族や知人などみんなで見送りをします。

第十八昭福丸の 1回の延縄漁の流れ

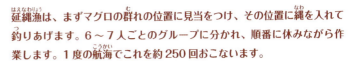

伝統漁の技を見てみよう

延縄漁は、まずマグロの群れの位置に見当をつけ、その位置に縄を入れて釣りあげます。6～7人ごとのグループに分かれ、順番に休みながら作業します。1度の航海でこれを約250回おこないます。

❶ マグロの集まるポイントを探す

船頭のマグロを探す技が光ります！

マグロの群れを探すには、マグロのエサとなる魚やイカがいるところを探しますが、それにはエサとなるプランクトンが大量にいる位置を見極める必要があります。水温や潮の流れ、風向きを計測器などで観測し、さらに夜の間に浮いていたプランクトンが日の出とともに沈みはじめる習性にあわせて縄を入れる位置を決めていきます。船頭の長年経験した技や知恵が生かされます。

❷ 枝縄の準備

整理しておいた枝縄を用意し、先端の釣り針に、マグロのエサとなる魚（サバ・アジ・イワシ・イカなど）をつけます。

エサだけで100トン！（200回分）

❸ 幹縄に枝縄をつけながら海へ

船がねらいの場所についたら、船尾から「投縄」を開始します。投縄とは、幹縄に枝縄をつけながら、海に投げ入れていくことです。今は機械で勢いよく投げますが、3000本の枝縄を投げ入れるには、約5時間もかかります。

投縄は約5時間！

大きな波でも漁は休みません

❹ 縄を引きあげる

船頭が浮玉の動きなどを見て、引きあげるタイミングを号令します（あげ縄）。枝縄何本かのうち、マグロがかかっていたら、銛などでマグロを引きあげます。100kg、200kgの巨体なので数人がかりになり、すべて引きあげるのに平均13時間かかります。マグロは内臓などを取りのぞいてすぐにマイナス60度の凍結庫に入れ、急速冷凍します。

あげ縄は平均13時間!!

日本にもどったら… 水あげ

日本の港に着いたら、冷凍したマグロを水あげします。大きなクレーンで運ばれる様子はは<く力満点。

まだある伝統漁

各地域で受けつがれてきた伝統漁はまだまだあります。海と湖・川でおこなわれる、それぞれの漁を見ていきましょう。

《海の漁》

打瀬網漁（熊本県）

打瀬船という、風の力で動く船を利用し、網を投げ入れてエビなどをとる漁の技です。瀬戸内海で400年ほど前からおこなわれていた方法が、熊本県の芦北町に伝わったといわれています。

漁場への往復は、帆をたたんでエンジンで向かいます。

網を投げ入れたら、帆をあげて風の動力でゆっくり網を引いて、エビなどをとります。エンジンをかけてスクリューを回さないことで、エビのすみかである藻が守られます。

網は口が開いた状態になるよう、金属製のわくがついています。

▲網を水あげし、とれたものを仕分けします。芦北町ではおもにアシアカエビをとります。

ワラスボ漁（佐賀県）

日本では、有明海の干潟だけにいるといわれる、ハゼ科のワラスボをとる漁です。泥の中を出たり入ったりして呼吸をする特性から、その穴を見つけて漁をします。

▼ワラスボ漁のおもな道具です。
①の押し板（潟スキー）に乗り、②のスボカキでワラスボをとり、③のザルや④のバケツにワラスボを入れます。

▲ワラスボのいる穴を見つけたら、スボカキを前方から干潟に刺して、後ろにかくようにして引きあげ、ワラスボをひっかけるようにしてとります。
ぬかるむ干潟では、昔ながらの押し板を今でも使っています。

▲とれたワラスボです。泥の中に住むワラスボは、退化してなくなった目と、とがった歯が特徴です。有明の郷土料理に使われます。

伝統漁の技を見てみよう

船の先頭の両脇に漁師がならび、力いっぱい釣り竿をあやつる姿ははく力があります。

カツオの一本釣り（高知県）

土佐のカツオ漁は、豪快な一本釣りがほとんどです。一本釣りをすると、網漁とくらべて魚が傷みにくいため、きれいで良質な状態で水あげされるのが特徴です。この魚法は、17世紀のはじめのころに紀伊半島ではじまり、四国へ伝わったといわれています。

海女漁（三重県）

潜水を助ける道具を使わずに海にもぐり（素もぐり）、アワビやサザエなどをとる漁です。志摩半島の弥生時代の遺跡から、アワビのからやアワビを岩からはがす道具が見つかっていることから、古い歴史があるのがわかります。現在、全国に約2000人の海女がいて、そのうち志摩半島には761人（2014年）と、もっとも多く活躍しています。

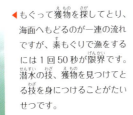

◀もぐって獲物を探してとり、海面へもどるのが一連の流れですが、素もぐりで漁をするには1回50秒が限界です。潜水の技、獲物を見つけてとる技を身につけることがたいせつです。

▼タンポとよばれる浮の下に獲物を入れる網がついた道具を、ビート板のようにして漁場に向かいます。

磯見漁（山形県）

以前は全国的に見られましたが、今では庄内地方の沿岸部など、一部の地域で続いている、1〜2人くらいでおこなう漁です。ハコメガネ（17ページ参照）で海底をのぞき、ヤスでサザエやアワビ、海草などをとります。船の動力はかわりましたが、道具の形や方法は昔のままです。

▼ハコメガネをのぞきながら、長いヤスをあつかいます。

▲ハコメガネをのぞきなながら、船を操縦して獲物を探します。　▲先が複数に分かれたヤスでサザエがとれました。

タコつぼ漁（山口県）

タコが小さな空間に入ろうとする習性を利用して、海中にタコつぼを入れておき、中に入ったところを引きあげる漁です。全国的に今でもおこなわれていますが、平郡島では、潮流の影響を受けにくく、ほかの網漁にかかりにくい、重さのある陶器のつぼで昔ながらの漁をしています。

◀タコつぼはロープでつないでいます。海に投げ入れやすいよう、ていねいにならべるのも重要な準備です。

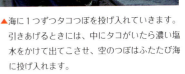

▲海に1つずつタコつぼを投げ入れていきます。引きあげるときには、中にタコがいたら濃い塩水をかけて出てこさせ、空のつぼはふたたび海に投げ入れます。

13

《湖・川の漁》

シジミ漁（島根県）

宍道湖など湖でのシジミ漁は、7〜8mの長い持ち手の先にかごがついた「ジョレン」という漁具で、湖の底をかくようにしてシジミをとります。竹や木製から金属製になりましたが、漁法はほとんど昔のままです。

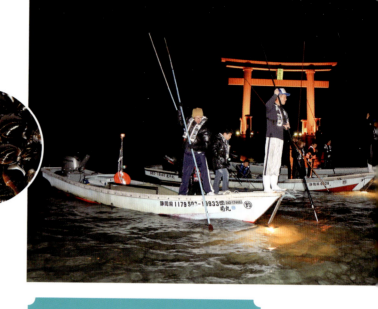

たきや漁（静岡県）

浜名湖独特の漁法で、100年以上前からおこなわれています。松明などで灯りをともし、光に集まってくる魚を、かぶせ網や突き棒などでとります。現在では水の中を照らす水中灯を使っています。

氷下曳漁（青森県）

湖にはった氷の下の魚や貝をとる漁法です。700年以上前に諏訪湖（長野県）でおこなわれていた記録があります。小川原湖では漁の技を後世に伝えるため、ベテランの年配者と若者がいっしょになって氷下曳漁をおこないます。（2017年現在：ここ数年は温暖化のためか氷がはらず、漁ができないそうです）

居繰網漁（新潟県）

三面川に伝わる伝統的なサケ漁で昔ながらの手こぎ舟でおこないます。2そうの舟の間に網をはり、もう1そうが水面をたたいてサケを網に追いこみます。

▲氷の下に入れた網を引きあげているところ。

◀網を引きあげるときは腰にロープをまき、体全体で引きます。

伝統漁の技を見てみよう

長良川の伝統漁（岐阜県）

世界農業遺産に認定された「清流長良川の鮎」の伝統漁法の一部を紹介します。

鵜飼

魚を丸のみする習性のある水鳥「鵜」を、漁師（鵜匠）があやつってアユをとる、1300年以上の歴史のある漁法です。鵜の首元をひもでしばり、アユを飲みこめないようにし、船上ではきださせます。漁師と鵜の信頼関係があってこそできる漁です。

瀬ばり網漁

川面にはった縄がたてる音と川底にはった白い帯状のしかけに、アユがおどろいて群れになったところを、手投げ網でとります。

ヤナ漁

川の流れを集めたところに、木や竹で組んだ簀でできた大きなしかけ「ヤナ」を設置し、川を下るアユが打ちあげられたところをとる漁です。

四万十川の伝統漁（高知県）

清流として名高い四万十川の豊富な伝統漁の一部を紹介します。ほかの地域で現在もおこなわれている漁もあります。

投網

魚の群れをねらい、周囲におもりのついた網を投げてとる漁です。網がきれいに広がるように投げるには熟練の技が必要です。

ウナギのコロバシ

木や竹でできた筒にエサを入れ、川底にしかけてウナギをとる漁法です。ウナギが入ったら出られないように、「返し」というしかけがついています。

シャビキ漁

2～3方向に突き出た釣り針を使い、アユをひっかけるように釣る方法です。産卵のために集まったアユをとります。

火ぶり漁

川中に網をはっておき、灯りでアユを追いこみます。昔は松明の火を使っていたことからこの名前がつきました。

アオノリ漁

藻の一種であるスジアオノリの漁です。先端がクシ状になった漁具「アオノリカキ」でとります。とったアオノリは水で洗い、天日干しするまでが漁師の仕事です。

伝統漁で活躍したもの

昔ながらの漁で活躍したものと、現在おもに使われているものをくらべながら見てみましょう。素材や動力は変化しても、伝統の技を受けつぎながら発展しているのがわかります。

フネ（舟／船）

テンマ（約5.3m）

富山湾あたりでつくられた、小型船のよび名です。サザエや海藻類をとる磯の漁などでおもに使われました。「先を細くして早く進むように」「小回りが利くように短く」など、漁師一人ひとりの要望にあわせて船大工がつくっていました。

ドブネ（約15m）

※写真は1/10サイズの模型

1960年ごろまでつくられていた、定置網漁用の大型船です。一度に大量の魚がとれる網漁にあわせ、箱型で安定したつくりにして、船底に魚を入れられるよう、大きなスペースをとっています。

今

定置網漁の漁船
強化プラスチックという素材などにより、型でつくられています。

マグロ漁の漁船
鋼鉄などでじょうぶにつくられています。急速冷凍室もあります。

作業着

刺し子

布を2枚以上重ねて全体にぬい目を入れたものを刺し子といいます。これは古着をぬいあわせてつくられています。じょうぶで暖かいのが特徴です。

さき織

古い布をさいてひも状にしたものと糸を織りあわせた生地でつくってあります。今でいうリサイクルでしょうか。モノをたいせつに活用するだけでなく、じょうぶで暖かいので寒い海上での作業に向きます。

今

防水カッパ
軽くて動きやすい防水カッパがおもに使われています。

ウキ（浮）

木製のウキ（浮）
スギやキリ、タケなどを、網をしかけるために浮として使いました。切りこみは、網や縄を結んで固定しやすくするために入れています。

今
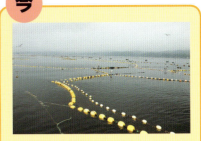

樹脂製の浮
海水浴場やプールのコースロープなどでも見られる浮です。

ビンダマ（びん玉）

1940年代後半から使われるようになった、ガラス玉製の浮です。木のようにくさることはありませんが、割れやすい素材でした。

アミ（網）

ワラアミ（わら網）
稲わらでつくられた網は江戸時代から使われていました。左は編んで、右は織ってつくっています。その後、麻糸や綿糸の網が登場しました。

今

定置網漁用の網

◀大きな作業場全部の網が、1つの定置網の半分の量。別の作業場でもう半分がつくられています。漁の種類にあわせて化学繊維を選び、最適な網になるよう、年々研究を重ねてつくられています。

▶アバリ（網針）で網とロープをつなぐ作業の様子です。素材は変わっても、網を仕立てる道具は昔のまま受けつがれています。

その他の道具

ヤス
おもに海底にいるカレイなどの魚や貝類などを突き刺してとるための漁具です。「突き銛」ともいわれます。写真は能登半島沿岸でカレイをとるために使われていました。

タモ
魚をすくいあげるための網です。左右均等に枝がのびるモミの木を使い、枝を輪にして網をつけました。持ち手はスギなど別の棒をくくりつけます。

ハコメガネ（箱眼鏡）
箱の広いほうにガラス板がはめこまれ、そこを海面につけ、海底をのぞくための道具です。氷見では「ノゾキ」ともいわれます。磯でサザエや海藻などをとる漁に使います。

ほかの道具も調べてみよう！

漁では、ほかにも釣り針や釣り竿、釣り糸、銛など、いろいろな道具が使われます。どの漁にどんな道具が使われるのか、その道具がどのように変化してきたのかなど、身近なところから調べてみるとおもしろいでしょう。

漁法の最新技術

かつての漁は、漁師の技や経験だけがたよりでした。もちろんそれはたいせつですが、魚群探知機、ソナー、GPSなどは現代の漁にかかせない装置です。漁を変える最新の技術を見てみましょう。

魚群探知機とは

魚群探知機は、超音波（人間の耳でとらえられない高い音の周波）を利用することで海中の魚群を探すしくみになっています。船底に設置したセンサーから海中の真下方向に発射された超音波は、まっすぐに進むとちゅう、魚群に当たり、反射して微弱な信号ですが、センサーまでもどります。魚群に当たらなかった超音波は海底までとどき、そこで反射しもどります。それぞれの反射の差を測定し計算して、魚群や海底までの水深を知ることができます。そこに魚群がいれば、海底より超音波が早くもどってくるので、魚群反応としてあらわれます。この超音波の動作をくり返して探知していきます。

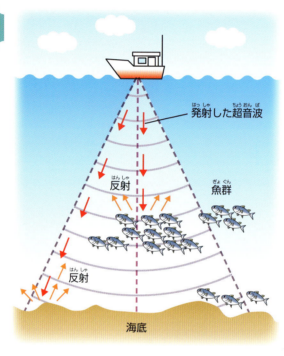

▲魚群探知機の画面

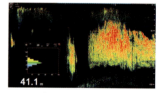

サバの魚群（赤と黄色い部分）がわかる。左下の数値で魚の体長までわかる。

最新ソナーのしくみ

魚群探知機が船の真下を探知するのに対して、ソナーは船の周囲まで探知できる機器です。海中に向けて超音波を発射し、その反射波で目的物を探知します。魚群をレーダー映像のようにとらえ、船の位置を中心に、前方、左右方向の魚群の分布、密集度を探知し表示します。

▲スキャニングソナー

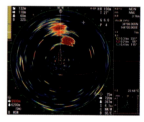

中心の船の位置の周囲にマグロ、カツオを探知したソナーの画像。

スキャニングソナー

スキャニングソナーは船の全周囲360度の方向を瞬時に探知することができます。超音波を発射するたび何度でも魚群をとらえるので、魚が移動する方向や速度も、画像から計算して表示されます。

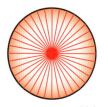

▲360度の方向を探知する

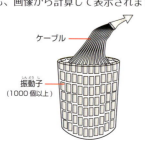

ケーブル
振動子（1000個以上）
▲送受波器

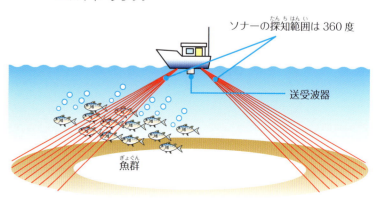

ソナーの探知範囲は360度
送受波器
魚群

GPSの機能とは

● GPSとは

目印のない海上で漁をする漁船にとり、船の位置を知る重要なシステムです。位置を知り、船同士の衝突や座礁などの遭難を防ぐだけではなく、魚群までの距離も測定することができます。最近では海水の温度を観測し、潮の流れを予測し、魚の群れやとれる量なども予測したりします。もともとGPSは、アメリカに代表される、地球上のどこにいても、24時間、自分のいる位置を知ることができるシステムです。近年はロシア、ヨーロッパ、中国などの独自の航法衛星を運用したり、日本でも「みちびき」などの衛星が運用されています。

● GPSの3つの要素で計測

GPS衛星は約2万kmの上空を、電波を発射しながら地球のまわりを回っています。衛星の軌道は6つで、それぞれの軌道に4基以上の衛星が配備され、約12時間周期で回っています。地上管制とよばれるところではGPS衛星を監視しコントロールしています。

これによりいつでも、どこでも船や飛行機などにとりつけてあるGPS受信機は4つ以上のGPS衛星からの電波を受信し、正しい位置（緯度・経度値）、高さ、時刻などがわかります。

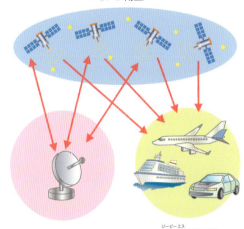

漁網の進化

無結節網とは

繊維や糸などは、結んで引っぱられると、結び目に力がかかり、そこから切れやすくなります。無結節網は結び目のない網で、結び目のある網より20～30％以上の強さをもちます。水中での抵抗やまさつも少なく、また結び目のない分軽量になり、かさばらず、魚に傷がつきにくくなります。

無結節網

無結節網（拡大）

網吹かれシミュレーション

定置網など、実際に見ることがむずかしい海中での漁網の全体を、パソコン画面に表示して、潮の流れや網が海底にとどく深さや、ロープへの重さの負担などを分析して、より新しい漁網を開発していきます。

海中の定置網　　漁網のシミュレーション

LED魚灯の活用

昔は、船上でかがり火を燃やしたり、石油ランプの灯りなどで漁をしていました。その後、漁をする漁船には、夜間ハロゲン灯やメタルハライド灯などの集魚灯を使っていました。近年はLED魚灯の研究がすすんでいます。例えばサンマが感知しやすい波長の

LED魚灯のサンマ漁

光に近い青色LEDや、LED魚灯の光量や波長の調節で、サンマの群れを静かにとることも可能になりました。またイカ漁でもイカが青緑色の光に集まる習性を利用しています。省エネルギーの視点からも漁法は進化しています。

LED魚灯のイカ釣り漁船

とる漁業から育てる漁業へ

魚や貝など、海のかぎられた水産資源を未来につないでいくために養殖の技術があります。養殖漁業や栽培漁業など、とる漁業から育てる漁業を見てみましょう。

養殖漁業と栽培漁業の流れ

→ 養殖漁業
→ 栽培漁業

人工種苗
養殖やとった魚から人工的に生産された卵や、その卵から人工的にふ化させた稚魚のことをいいます。

- 採卵
- ふ化

天然種苗
海から、自然にふ化した稚魚をいいます。

- 稚魚捕獲

養殖漁業
養殖漁業は、市場に出荷する大きさになるまでいけすや水そうで育てます。稚魚（卵からふ化したばかりの幼魚）から成魚になるまで、人間の管理下で育てられます。

稚魚育成
水そうやいけすでエサをあたえて、目標の大きさになるまで育てます。

いけすで育成
稚魚を、出荷できる大きさになるまで飼育しておくための施設です。

栽培漁業
卵から稚魚になるまでの、一番弱い期間を人間が手をかし守り育てます。ある程度大きくなると、魚を海に放流します。その後、成長したら漁獲します。

- 放流：ある大きさになるまで育てた稚魚を海に放すことをいいます。
- 漁獲：放流した魚を売るためにとることをいいます。

出荷
養殖や栽培で育成して漁獲された魚を、市場やスーパーに運び出します。

食卓へ

日本のおもな養殖を見てみよう

江戸時代にカキやタイなどにはじまる日本の養殖も、今は30種類以上の魚介類の養殖がおこなわれています。

サロマ湖のホタテ養殖（北海道佐呂間町）

北海道最大のサロマ湖はオホーツク海とつながり、淡水と海水がまじる汽水湖で、豊富なプランクトンにめぐまれています。ここは日本のホタテ養殖発祥の地で、サロマ湖内で育てたホタテの稚貝を、計画的にオホーツク海に放流し、砂地の海底で豊かな栄養をとって大きくなったホタテを数年後にとります。

▲ホタテ貝の身

信州サーモン（長野県安曇野市）

▲信州サーモンの稚魚

長野県水産試験場が、約10年かけて開発したものです。サケ科のニジマスとブラウントラウトを交配して生まれました。卵や稚魚の養殖でできたマス類の新種です。稚魚から2年で体長が50〜60cm、体重は1.5〜2kgになります。肉厚で味もよいといわれます。

▲信州サーモン

気仙沼のカキ養殖（宮城県気仙沼市）

現在のような形でカキが養殖されるようになったのは大正時代の末期ころからです。養殖されているのはマガキという種類で、日本からアメリカやヨーロッパにも移植され、広く世界的に養殖されています。気仙沼湾では古くからカキ養殖がさかんで、海中の豊富なプランクトンをエサに、身入りと品質のよいものがつくられています。

▲宮城県気仙沼湾における養殖カキ

天草さくらダイ（熊本県天草市）

美しいさくら色のタイは、天草の養殖で育てられたマダイです。エサはイカやアミエビ、カニなどにビタミンなどの栄養剤をくわえています。養殖の健康管理は徹底しており、稚魚から20か月かけて育てられ出荷されます。

▲天草さくらダイ（マダイ）

クロマグロの完全養殖《近畿大学水産研究所》

「近大マグロ」として知られるクロマグロ養殖は、1970（昭和45）年に研究が開始され2002（平成14）年、世界で初めて完全養殖に成功しました。天然幼魚を成魚に育てて産卵させ、その卵を人工ふ化させます。それを育てて、人工成魚にしてまた産卵、ふ化をくり返す。これを完全養殖とよんでいます。回遊するクロマグロの習性が、まだわからないところもあるなかで、クロマグロを完全養殖した偉業は養殖のスゴ技です。漁業の未来形といえます。

人工成魚

和歌山県串本町のいけす

5年以上育てて成魚に養成する。

受精卵の大きさは直径1mm。

ふ化直後は全長2〜3mmの人工ふ化仔魚。

人工稚魚を陸上の水そうから海上にうつす。

人工若魚は約3か月で全長30cm、体重300gくらいに。

魚がとどくまで 今と昔

今

ふだんわたしたちが食べている魚は、どのようにとどくのでしょうか。産地から食卓までのルートを、見てみましょう。また交通手段があまり発達していない昔の時代はどうだったか、調べてみましょう。

漁師（漁業者）

漁師が漁でとる新鮮な魚は、港に水あげされます。日本には3000もの漁港があり、毎日、いろいろな魚が全国の港に運ばれています。

空輸

日本各地から運ばれるもの、また海外から運ばれるものがあります。マグロ・サケ・ブリ・タラ・ウナギ・ロブスターなど、たくさんの水産物が空輸されています。

輸入船上凍結品

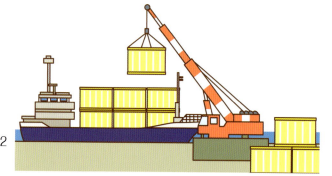

1回の航海が何か月も続く遠洋漁業では、とった魚を船の中で急速冷凍し、とちゅうの外国の港で水あげして日本に送ることもあります。

生産地の卸売市場

港に水あげされた魚は、仕分けされ価格を決めるセリにかけて仲買人などに買いとられます。それらの魚は、消費地の卸売市場や加工場や冷蔵庫などに運ばれます。

加工冷蔵業者

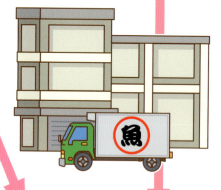

市場流通

卸売市場などを経由するルート

魚を洗浄し冷蔵や冷凍で保管します。たとえばマグロなどは解凍・解体して冷凍切り身や缶づめにしたりします。ほかの魚も練り製品とよばれるかまぼこなどに加工したりします。

商社

あらゆるものをあつかう商社は、魚や魚の加工品などもあつかいます。それらは市場に運ばれたり、市場外流通のルートでスーパーや魚屋さんにとどけられます。

市場外流通

卸売市場を通さないルート

江戸時代中ごろは北前船とよばれた船で数の子、みがきニシン、干イワシなどが大きな港に運ばれました。海のない地域にはどんな手段でとどけられたのでしょうか。いくつかの方法を見てみましょう。

ぶり街道

江戸時代、富山湾でとれたブリは、越中ブリとよばれブリカゴに入れて背おわれて飛騨をこえました。高山に入り飛騨ブリと名前を変え、松本から信州の広い地域に運ばれました。塩づけのこのブリは、年末年始のたいせつなごちそうでした。

▶ブリカゴ

鯖街道

若狭の国、現在の福井県にあたる小浜から京都までを結ぶ街道は鯖街道とよばれていました。サバが多く運ばれたためです。いくつかのルートがありますが、保坂峠で山をこえる、小浜から熊川宿・朽木を経て京都に着くのが一般的でした。小浜で一塩つけたサバは小浜から72kmで京都に着くころ、ちょうどよい塩かげんになったといわれます。

魚の道・中道往還

魚の豊富な駿河湾の沼津近海でとれた魚を、山梨県の甲府に運ぶルートが「魚の道」で「中道往還」とよばれていました。吉原(静岡県富士市)を出発し富士山の西側を通り、本栖・精進湖の間を抜けて甲府に着きます。標高の高い場所を通ることでマグロなども一晩で運べました。

鮮魚街道

千葉県の銚子沖や九十九里浜近海でとれた魚を人口のふえた江戸に運ぶルートです。銚子から舟で利根川を上り木下で陸あげされ、布佐(我孫子市)から松戸までの陸路は鮮魚街道とよばれ、ここの河岸から舟で日本橋の魚河岸に運びました。明治時代の中ごろまでさかんに使われていました。

消費地の卸売市場

大都市にあり中央卸売市場とよばれます。日本各地、世界各国から魚が集まります。セリといわれる売り買いがおこなわれます。スーパーや魚屋あるいは寿司店、レストランの人たちは、ここで魚を買いつけます。

消費者

こうして魚がとどき、おいしく調理されて、わたしたちは食卓で楽しく食べることができるのです。

魚屋さん スーパー

卸売市場から買いつけ仕入れた魚が売り場にならべられます。ほかにも漁業者の組合や養殖業者、商社などさまざまなルートで仕入れることもあります。

今のルートは、基本的な流れです。インターネットの広がりで、消費者が魚の情報を得て、産地から直接とりよせできる流通など、いろいろあります。

魚をじょうずに食べよう

漁師さんたちが苦労してとってきた魚ですから、むだなく、きれいに食べたいですね。魚料理を、よりおいしく、じょうずに食べるためのポイントを紹介します。

尾頭つき焼き魚

切り身でなく、頭と尾びれがついた丸のままの魚のことを「尾頭つき」といいます。どうやって食べすすめるとじょうずにおいしく食べられるか、アジの塩焼きを例にして見てみましょう。

① ひれをはずす

胸びれとゼイゴ（尾びれから頭の方向にのびているかたいトゲのあるウロコ）を、はしでとりはずし、皿のはじにおきます。右奥や左奥だと食べやすいでしょう。

② 左から食べる

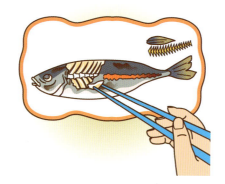

魚は頭を左側にしておかれています。頭をよけ、左側から食べていきます。骨の下側はまだ食べません。骨の下側の身をほじるようにして食べる「すかしばし」は、してはいけない作法です。

③ 中骨をはずす

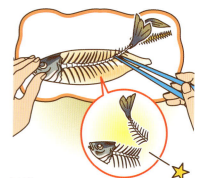

上側の身を食べ終わったら、はしで尾びれ側から骨をはずし、半分くらいで折って、頭もいっしょにとりはずして①と同じ位置におきます。裏返して食べるのはいけません。

④ そのまま左から食べる

下側の身も、②と同じように左側から食べすすめます。

⑤ 残った部分はまとめる

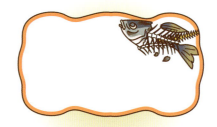

身の下にかくれていた胸びれやゼイゴなど、残す部分は①と同じ位置にまとめます。

尾頭つき魚のその他の作法

●大きな魚の場合

お祝いごとで出されるタイなどの大きな魚の場合は、背骨にそってはしで割れ目を入れておくと、ほぐしやすく、食べやすくなります。手前側、奥側と順番に食べると、見た目もきれいです。

●煮魚の場合

食べすすめ方は焼き魚と同じですが、ひと切れずつ、煮汁をからめるようにして食べると、おいしく食べられます。

すし

自由に食べてもかまいませんが、ここで紹介することを覚えておくと、むだなく、おいしく、きれいに食べすすめることができます。

〈にぎりずし〉

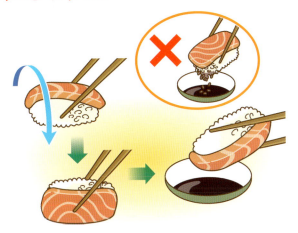

そのままの向きでしょうゆをつけると、酢めしにしょうゆをつけることになり、ごはんつぶがしょうゆの中に落ちやすくなるうえ、しょうゆが多くつきやすくなります。はしで食べる場合は、すしを横にたおしてからはさむと、具にしょうゆをつけやすくなります。

〈ちらしずし〉

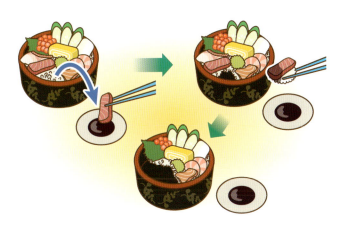

しょうゆをかけるより、小皿のしょうゆに具をつけながら食べるほうが、見た目がきれいに食べられます。刺身として食べてもいいですし、しょうゆをつけた具をごはんの上において、いっしょにすくって食べてもいいでしょう。

正しいはしの使い方

魚をじょうずに食べるには、はしを正しく使うことがたいせつです。自分ははしが正しく使えているか、確認してみましょう。

●持ち方チェック

- □ はしの先から3分の2くらいの位置で持ちます。
- □ 上側のはしは親指と人さし指の腹、中指の背の3点でささえます。
- □ 下側のはしは中指と薬指の間を通り、親指のつけ根で固定します。
- □ 上側のはしを、人さし指と中指を上下に動かして、閉じ開きをします。
- □ はし先を閉じたときは、ぴったりくっつきます。

動かし方の練習

はしは、基本的に上側だけを動かします。まずは上側のはしだけを持ってって練習してみましょう。親指と人さし指の腹、中指の背で、図のように持ちます。

人さし指と中指で、はしを上下に動かす練習をしましょう。親指は動かしません。

正しくないはしの持ち方

にぎって持つのはいけません。

はし先や後ろ側が交差するのは正しくない持ち方です。

もっと漁を知ろう

人々と漁の歴史

漁は、人々のくらしに大きな役わりをはたしました。海や川での漁は食料を得るためのたいせつな仕事でした。

縄文時代から室町時代の漁の歴史

縄文時代の遺跡の貝塚などから、多くの動物の骨が発見されています、その中にはクジラ、イルカ、マグロなどもあります。人々の食料としてだけでなく、骨は釣り針、魚の皮は衣類などと生活の道具にも利用していたようです。

弥生時代や古墳時代から平安時代にはコイ、フナ、アユなどの川でとれる魚も食べていましたし、海の漁ではタイ、カツオなども調理したり、干したりしていました。網を使う漁などもこのころに、はじまったようです。

鎌倉時代になると海の魚や貝や海草を食べる地域も広がりました。マグロ、タイ、スズキ、タラ、ブリなどの漁場もふえ、それらをとるための漁村もできはじめました。日本の沿岸漁業のはじまりはこのころといわれています。また魚を運ぶための流通ルートもできはじめました。

室町時代に入ると魚の肉のすり身でかまぼこなどをつくる加工技術も登場しました。

漁が発展した江戸時代

漁のルール

沿岸に漁村がつくられ、沿岸漁業のしっかりとした基礎は江戸時代に確立しました。定置網漁によるサバ、アジ、ブリ、一本釣りでカツオ、クロマグロなどをとることもこの時代さかんになりました。各漁村がそれぞれ近くの沿岸は独占的に使い、沖合はだれでも自由に漁をするというような、漁場の利用のルールも決められ、もめごとが起きてもおたがいに話し合いで解決したようです。

江戸前の網漁
『東都富士見三十六景 佃沖晴天の不二』一勇斎国芳 画▶

たくさんの人手で漁をする

　全国のそれぞれの沿岸や地域の特徴に合った、いろいろな漁法も発達しました。
　たとえば遠浅の砂浜では、大きなふくろ状の網を海にはり、魚群を囲いこむ漁をします。網の両はしに長い綱をつけて岸辺に引きよせ、海岸にいる大勢の人が引きあげる漁を地引き網漁といいます。千葉県の九十九里浜では、地引き網によるイワシ漁がさかんでした。砂浜では一つの網に100人もの人が綱を引きあげました。イワシが豊漁の時期には、200はりもの網漁がおこなわれました。

▲千葉県・九十九里浜のイワシの地引き網漁『飯高家大地引網掛図絵』

江戸の魚河岸

　漁業がさかんになり、近海でとれた魚を集める魚河岸ができました。最初に魚河岸をつくったのは、江戸幕府を開いた徳川家康にしたがって江戸にうつり住んだ漁民でした。幕府や大名だけでなく、江戸時代の後半に100万人もの江戸（東京）の人たちの食料をささえるため、魚河岸は活躍し大きく発展しました。

万祝

　江戸時代から漁師の間に広がった半てんで万祝とよびます。鶴亀などめでたい絵がかかれています。はじまりは千葉県の房総地方といわれています。おもに太平洋の漁村に広がり、大漁があったときに船主や網元から漁師に配られます。豊漁祈願や漁の安全を願い、神社にお参りするときなど、万祝をそろって着ます。

▲『日本橋魚市場繁栄図』歌川国安　画

捕鯨の発達

　クジラをとる捕鯨は縄文時代にはじまりますが、飛躍的に発展したのは江戸時代です。それまでは自給自足的にクジラをとっているだけでしたが、セミクジラ、ザトウクジラなどを銛で突いてとる突取法が組織的におこなわれるようになると、捕鯨中心の漁村もできました。和歌山県の太地浦は一大本拠地でクジラ組の船は30〜50隻もあり、海上、陸上、などを合わせると500〜800人の規模になりました。銛だけでなく網も使うと、より大きなナガスクジラも捕獲できました。クジラは日本では、あますところなく利用され、食料だけではなく、鯨油として農薬にしたり、ヒゲはゼンマイや釣り竿の穂先に、骨はかんざしやくしになりました。クジラの命に感謝するクジラ塚や墓もあり、クジラはたいせつなものでした。

▲ザトウクジラを勢子船で追い、捕かくしたあと解体する古式捕鯨の図『紀州太地浦鯨大漁之図・鯨全體之図』

マグロと日本人

マグロは、日本ではすしや刺身などでなじみ深い、みなさんが大好きな魚です。マグロについていろいろ見てみましょう。

古くは縄文時代の遺跡の貝塚からマグロの骨が発見されています。しかし冷凍や保存技術もない時代、その大きさやいたみやすさからあつかいがむずかしかったのです。江戸時代になりしょう油ができて、つけたり、江戸前のすしなどで人気の魚になりました。今では、世界で一番マグロを食べているのは日本人で、マグロは日本の食文化のひとつといわれています。

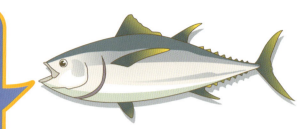

高速で泳げる体

マグロの体は、水の中での抵抗をできるだけ減らして、海の中を高速で泳ぐことができるようになっています。

クロマグロ（タイセイヨウクロマグロ）

大きいもので成長すると体長3m、重さ400kgにもなる大型のマグロです。大西洋、地中海、日本近海でとれます。

- 第一背びれや胸びれを、たたむことができます。
- 小離鰭とよぶ尾びれまであるギザギザが、高速で泳ぐときにできる、抵抗になる水のうずを消します。
- 第一背びれ
- 第二背びれ
- 尾びれ
- 胸びれ
- 尻びれ
- 腹びれ
- 体は紡錘形という、前後がしだいに細くなる形です。
- 大きな尾びれをすばやくふり、水をかきます。

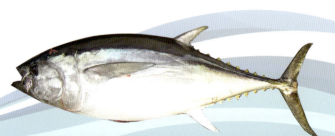

ミナミマグロ

大きいのは体長2m、重さ150kgになり、オーストラリア沖、南インド洋、ニュージーランドなどの海域でとれます。

メバチマグロ

体長2m、重さ150kg以上にもなり、目が大きところから目鉢マグロとよばれています。太平洋、ニュージーランド沖、大西洋の水温の冷たい時期にとれます。

一生ねむらず、泳ぎ続ける

マグロは口を開けて泳ぎます。これはエラを通過する水から酸素を取り入れ呼吸するためです。泳ぐのをやめると窒息するため、夜の間もねむらずに泳ぎ続けねばならないのです。

時速160kmのスピードも

1秒間に体の3～4倍のスピードで泳ぎます。ふだんは時速30～40kmくらいですが、最高で時速160kmで泳ぐという報告もあります。

目や耳も良いマグロ

ほかの魚とくらべてマグロは高い視力をもっているといわれています。
聴覚は、低周波の音に感度がよく、水中での振動などを感じる感覚器官が発達しているので巨大な群れでいても、ぶつからずに泳ぐことができます。

クロマグロの回遊（日本周辺）

マグロは、エサや産卵場所、住みやすい水温をもとめて、ほぼ規則的な移動をしています。これを「回遊」といいます。おもにクロマグロは、日本のまわりを回遊します。春から夏は久米島沖あたりから、日本海側を北上するマグロと太平洋側を北上するものにわかれます。秋から冬にかけては南下してきます。また、一部の2～3歳のマグロは、太平洋を東に進んで、アメリカ西海岸で、季節により南北に回遊し、その後、日本の南の海にもどるマグロもいます。

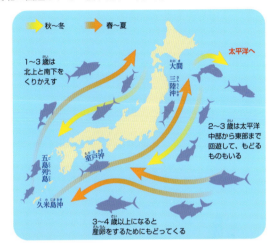

マグロの一本釣り

古い歴史をもつ漁法です。青森県の大間町や北海道の天売島での一本釣りが知られています。長さ4～6mのさおを使って、漁船から釣りあげます。
一本釣りのクロマグロは200～300kgにもなります。全力で追う漁船と逃げるマグロの一騎打ちは危険で勇ましい漁法といえます。

キハダマグロ
大きいのは体長2m、重さ100kgになります。肌が黄色いところから黄肌とよばれています。

ビンナガマグロ
マグロ類の中でもっとも小さく体長は1m前後で、世界中の海に広く分布しています。

コシナガマグロ
大きいものは体長1.3m、体重は35kg、インド洋から西太平洋でとれます。

タイセイヨウマグロ
大きさは体長1m、体重は20kgと小型のマグロです。大西洋の西部亜熱帯地域にかぎられて分布しています。

漁と祭り

海に囲まれた日本の各地には、昔から漁の安全を祈り豊漁を願う、祭りがたくさんあります。漁にかかわる、いろいろな祭りを見てみましょう。

塩竈みなと祭（宮城県塩竈市）

日本三景の一つである松島の湾で、鹽竈神社・志波彦神社の神輿を御座船「鳳凰丸」「龍鳳丸」に乗せて湾内の海上を渡ります。船の前後には、100隻ものおともの船がしたがいます。古来、海からの道案内をされた鹽竈神社の鹽土老翁神を年に一度お連れするという行事です。魚を供養し、豊漁を祈願する感謝の神事です。

▲鳳凰丸海上パレード

掛魚まつり（秋田県にかほ市）

約300年以上も続く歴史ある祭りです。「たら祭り」の名前でも知られています。マダラがとれるころ、毎年2月4日におこなわれます。各船主が、自分の船でとれた魚の中からいちばん大きくりっぱなものを神前の棒にかけて供えます。奉納して、海での安全と大漁の祈願、五穀豊穣を祈ります。現在は漁師たちが二人一組になってタラをかつぎ神楽を先頭に金浦漁港から神社までの約2kmの道のりをねり歩きます。

▲奉納されたマダラ

甲曳き舟祭り・沖波大漁祭り（石川県穴水町）

甲曳き舟祭りでは、加夫刀比古神社からご神体をおさめた2基の神輿が早朝に出発し、海岸までねり歩きます。そのあとにのぼり旗をなびかせて、大漁と安全を願いながら巡航して、神社にもどります。また沖波大漁祭りではキリコとよばれる出し物が出て海中をかつぎ豊漁を祈願します。

甲曳き舟（上）キリコ（下）▶

豊浜鯛まつり（愛知県南知多町）

毎年7月中・下旬、豊浜海岸に豊漁と海の安全を願って、大きなタイが登場します。1885（明治18）年に中洲神社の祭りをもりあげるため「はつかねずみ」のはりこをつくったのがはじまりで、その後ゾウやクジラ、大正時代のはじめに現在のようなタイになりました。全長10～18mの骨組み、重さ1トンを超すタイが「ヤートコセー、ヨーイヤナー」の元気なかけ声とともにかつがれ、町内をねり歩き海に入ります。天下の奇祭とよばれています。

▲巨大タイの神輿

ホーランエンヤ（大分県豊後高田市）

江戸時代に、この地から島原藩、大坂蔵屋敷へ船で米を運んでいたとき、その航海の安全と豊漁を願って江戸中期にはじまったといわれています。大漁旗や吹き流し、万国旗ではなやかにかざられた宝来船に若者が乗りこみ、市の中心を流れる桂川の下流の琴平宮に向かいます。もちをそなえた後、上流の若宮八幡神社をめざし「ホーランエンヤエンヤサノサッサ」のかけ声とともにこぎあがります。

▲宝来船パレード

糸満ハーレー（沖縄県糸満市）

毎年、旧暦の5月4日に、海のめぐみに感謝し、航海の安全、豊漁を願いハーレーがおこなわれます。起源は600年前、中国から伝わったものといわれています。爬竜船をこぎ競いあう行事は沖縄県の各地でおこなわれており「ハーリー」と一般的によばれていますが、糸満では「ハーレー」とよびます。ウミンチュ（漁師）の深い信仰ともつながりあり、糸満市指定民俗文化財でもあります。

▲爬竜船をこぐ若者

漁の仕事をするには

日本が世界に誇る漁は、先人の漁師の知恵や技により、ささえられてきました。漁の仕事をするにはどんな方法があるのでしょうか。

日本の文化をつぐ心

漁の仕事につき、実際に魚をとる漁師になるには、健康な体力と精神力が必要です。しかし一番たいせつなことは海が好きなことです。漁師の仕事につくには特別な試験はないので、だれもが望めば漁師になることはできます。

今は、水産高校などで基礎を学ぶことができます。水産高校では、船の操縦や潜水はもちろん、大型船での実習や、水産物の加工や、漁業の経営についても学ぶことができます。海に関する知識もたいせつです。海に出るための気象や海流のこと、魚の生態や魚を守り育てることなど、海についていろいろ学ぶことができます。さらに海での漁や水産の技術や研究をする人のために水産学部をもつ大学や、海を研究するための海洋大学などもあります。

また漁業は沿岸漁業、沖合漁業、遠洋漁業と三つに分けられます。自分で漁師として漁業をはじめる人は、漁をするための船を操縦する「小型船舶操縦士免許」や、海に出て無線による情報交換やトラブルの時のための安全を確保するため「海上特殊無線技士免許」を取得するとよいでしょう。また、自分で漁に出るには「漁業権」が必要です。漁業権は乱獲を防ぎ利益を守ったりします。各地の漁業組合に加盟して売り上げの一部を払うことで取得できます。

どんなに最新技術がすすんでも、海というきびしい自然の中での仕事は、先ぱいや多くの経験を積んだ先人から学ぶことがとてもたいせつです。

海に魅せられて

佐藤　一歩　さん
漁師
昭福丸　甲板員

海の近くに生まれ育ち、幼いころから、海と釣りが大好きでした。小学生、中学生になっても変わらず、水産高校へと進みました。高校で海・船・魚を中心に海洋資源のことや技術など、基礎をいろいろ学ぶことができました。進路は将来、海に出て働くこと、漁師になると、きっちりと迷いなく決めていました。

現在は、遠洋マグロ延縄船の昭福丸に乗船しています。船に乗りインド洋を中心に働いています。1日の仕事は早朝、幹縄とよばれる全長100km以上のロープにエサをつけた針につながる枝縄を、約3000本固定、これらを船尾から海に投げる投縄の作業です。5〜6時間におよびます。投縄が完了したら、約2時間半ほどの縄待ちです。その後はあげ縄とよばれる縄をあげる14時間ほどの作業です。漁の間は食事もすばやくすませもち場にもどります。かかった魚を船上にあげ、処理し、鮮度を保つため凍結庫へ入れます。

危険ととなり合わせの海の仕事は、漁の技術はもちろんチームワークやコミュニケーションももとめられます。この仕事のおもしろさは、今のぼくには、自分より大きな魚を釣りあげる醍醐味です。

すでに、小型船舶操縦士免許と海上特殊無線技士免許は取得してますが、このたび、航海士の海技士免許をとることができました。今後は航海士としてより多くの経験を重ね、日本の漁業に貢献していきたいと思っています。

漁と日本文化

海に囲まれている日本のまわりには、いくつも海流が交差して豊かな漁場をつくっています。栄養をたくさんふくんだ寒流が南から来る暖流にぶつかり、潮目をつくるため、プランクトンなどが大量に発生し、それを食べる小魚、さらにその小魚を食べるサンマ、カツオ、サバなど多種多様な魚が集まります。

これらの海のめぐみは、わたしたちのくらしを豊かにしました。刺身など生で食べることができるのも新鮮なものが手に入るからこそ発展した食文化です。魚をとるためのさまざまな漁法も日本独自に発展しました。この本で見てきたいろいろな漁法は、日本の地形や魚の習性などを考えて、編み出され進化してきたものです。

また江戸時代には紀伊半島や九州北西部などでは、沿岸捕鯨もさかんにおこなわれるようになりました。クジラの赤身は食用、皮下脂肪は鯨油、骨は漁具の材料と余すところなく使いました。アジ、サバ、イワシなどの開きやメザシなど干して保存性を高めたり、カツオ節やコンブで出汁をとったりすることは、水産資源をたいせつにする日本の文化ともいえます。正月に食べるおせち料理には数の子、エビ、ブリなどいろいろな海のものを使います。また日本全国でもよおされる漁に感謝する祭りの数々。こうした海と漁の文化は、わたしたちが未来につないでいくたいせつな日本の文化です。

31

著者…和の技術を知る会
撮影…イシワタフミアキ
装丁・デザイン…DOMDOM
イラスト…酒井圭子、川壁裕子(DOMDOM)
編集協力…山本富洋、山田 桂

■撮影・取材協力
氷見漁業協同組合
　http://www.tyhimigyokyo.jf-net.ne.jp/
氷見定置網漁師　酒井久則
氷見市立博物館
　http://www2.city.himi.toyama.jp
(株)臼福本店
　http://www.usufuku.jp/
日東製網(株)
　http://www.nittoseimo.co.jp/

■参考資料
『日本の農林水産業　水産業』小泉光久編、大日本水産会監修／鈴木出版 2013
『ぜひ知っておきたい　日本の水産養殖　一人の手で育つ魚たちー』中田誠著／幸書房 2008
『マグロの大研究　生態のふしぎから食文化まで』河野博監修／PHP研究所 2015
『日本漁業近代史』二野瓶徳夫著／平凡社 1993
『海の民　漁村の歴史と民俗』平凡社選書　河岡武春著／平凡社 1987
『海の人々と列島の歴史　漁撈・製塩・交易等へと活動は広がる』浜崎礼三著／北斗書房 2013
『房総の漁　ー海と川ー』(「海と船の企画展」図録) 千葉県立安房博物館・千葉県立大利根博物館・千葉県立中央博物館 共編／千葉県立安房博物館 2002
『調べてみようふるさとの産業・文化・自然 1　日本列島の農業と漁業』中川重年監修／農山漁村文化協会 2007
『志摩半島の海女』海女振興協議会監修、古谷千佳子写真／海女文化国際発信事業実行委員会 2016

■写真・図版・資料協力
<カバー・表紙>
延縄漁・大漁旗：(株)臼福本店、ヤナ漁・鵜飼：岐阜県、海女漁：鳥羽市／古谷千佳子撮影、カツオ一本釣り：©YONEO MORITA/SEBUN PHOTO/amanaimages、定置網漁：酒井久則、たきや漁：たきや組合、ビンダマ・ドブネ：氷見市立博物館、ケガニ：PIXTA、天草さくらダイ：熊本県海水養殖漁業協同組合

P1～3 <本扉／はじめに／もくじ>
定置網漁の魚の追い込み・網の投入：酒井久則、『東都富士見三十六景 佃沖晴天の不二』一勇斎国芳：国立国会図書館、マグロ水あげ：(株)臼福本店、塩竈みなとまつり：塩竈市観光物産協会

P4～7 <漁の世界へようこそ>
水あげされる魚：酒井久則、セリを待つ魚：氷見漁業協同組合、マダイ・アジ・ズワイガニ・トラフグ・クルマエビ・マイワシ・マサバ・カツオ・カレイ・ヒラメ・サケ・スケトウダラ・ブリ：国立研究開発法人水産研究・教育機構 水産工学研究所、ケガニ・スルメイカ：PIXTA、イカ籠漁：鳥取県水産試験場、ケンケン漁：すさみ町役場、突っつきホッキ漁：渡島地区水産技術普及指導所／『北海道の漁業図鑑』(北海道水産業改良普及職員協議会)』、アンコウ空縄釣り：風間浦村

P8～15 <伝統漁の技を見てみよう>
定置網漁のスゴ技：酒井久則、越中式落とし網の例(模型)：氷見市立博物館
延縄漁のスゴ技：(株)臼福本店
打瀬漁：芦北町／芦北町漁業協同組合、ワラスボ漁：佐賀市、カツオの一本釣り：PIXTA、磯漁：山形県漁業協同組合／田邊美樹撮影、海女漁：鳥羽市／古谷千佳子撮影、タコつぼ漁：山口県漁業協同組合平郡支店
シジミ漁：(公社)島根県観光連盟、たきや漁：たきや組合、氷下曳漁：小川原湖漁業協同組合、居繰網漁：村上市、長良川の伝統漁：岐阜県、四万十川の伝統漁：四万十市

P16～17 <伝統漁で活躍したもの>
定置網漁の漁船・防水カッパ・樹脂製の浮：酒井久則、マグロ漁の漁船：(株)臼福本店、定置網漁用の網：日東製網(株)／日東ネット(株)、ほか全て：氷見市立博物館

P18～19 <漁法の最新技術>
魚群探知機とは・最新ソナーのしくみ・GPSの機能とは(画像・イラスト参考)：古野電気(株)、漁網の進化：日東製鋼(株)、LED魚灯の活用：国立研究開発法人水産研究・教育機構 開発調査センター

P20～21 <とる漁業から育てる漁業へ>
サロマ湖のホタテ養殖：佐呂間町役場、気仙沼のカキ養殖：宮城県気仙沼水産試験場、信州サーモン：長野県水産試験場、天草さくらダイ：熊本県海水養殖漁業協同組合、クロマグロの完全養殖：近畿大学総務部広報室

P22～23 <魚がとどくまで　今と昔>
ブリカゴ：氷見市立博物館

P26～31 <もっと漁を知ろう>
「人々と漁の歴史」『東都富士見三十六景 佃沖晴天の不二』一勇斎国芳・『日本橋魚市場繁栄図』歌川国安：国立国会図書館、九十九里浜のイワシの地引き網漁(飯高家大地引網掛図絵)：九十九里町中央公民館、万祝：白浜海洋美術館、『紀州太地浦鯨大漁之図・鯨全體之図』：太地町立くじらの博物館
「マグロと日本人」クロマグロ：近畿大学総務部広報室、ミナミマグロ・メバチマグロ・キハダマグロ・ビンナガマグロ・コシナガマグロ・タイセイヨウマグロ：国立研究開発法人水産研究・教育機構 水産工学研究所、マグロの一本釣り：大間町
「漁と祭り」塩竈みなと祭：塩竈市観光物産協会、掛魚まつり：(一社)にかほ市観光協会、甲曳き舟祭り・沖波大漁祭り：穴水町、豊浜鯛まつり：南知多町観光協会、ホーランエンヤ：豊後高田市商工観光課、糸満ハーレー：糸満市役所 経済観光部商工観光課
「漁の仕事をするには」「漁と日本文化」：(株)臼福本店

(敬称略)

※平成30年2月1日から、小型船舶に乗船する際のライフジャケットの着用が義務づけられる予定ですが、本書の掲載写真は、すべて平成29年10月以前に撮影されたものです。

子どもに伝えたい和の技術 9　漁

2018年1月　初版第1刷発行　　2022年4月　第2刷発行

著　………………和の技術を知る会
発行者　……………水谷泰三
発行所　……………株式会社文溪堂　〒112-8635　東京都文京区大塚3-16-12
　　　　　　　　　　　TEL：編集 03-5976-1511
　　　　　　　　　　　　　　営業 03-5976-1515
　　　　　　　　　　　ホームページ：http://www.bunkei.co.jp
印刷・製本　………図書印刷株式会社
ISBN978-4-7999-0218-9／NDC508／32P／294mm×215mm

©2018 Production committee "Technique of JAPAN" and BUNKEIDO Co., Ltd.
Tokyo, JAPAN. Printed in JAPAN
落丁本・乱丁本は送料小社負担でおとりかえいたします。定価はカバーに表示してあります。